Werbung und Marke

Von Wolf D. Voltmer

Vorbemerkung

Das klassische Lehrbuch über Markentechnik[1] wurde vor vierzig Jahren von Hans Domizlaff geschrieben und im November 1939 veröffentlicht. Es steht bezeichnenderweise unter dem Titel „Die Gewinnung des öffentlichen Vertrauens". Die aktuelle Diskussion über Markenartikel und Werbung im Gesamtzusammenhang von Marketing ist im Grunde genommen ein Rückgriff auf die philosophischen Gedanken von Domizlaff zur gleichen Sache, zu einer anderen Zeit.

Der Unterschied der Betrachtungsweise von Marke und Werbung zwischen damals und heute ist allerdings deutlich. Domizlaff schreibt im Vorwort zur zweiten Auflage: „Die Kunst der Erzeugung eines zuverlässigen Markenvertrauens ist nicht nur innerhalb der Weltwirtschaft für den Wettbewerb in Leistungssteigerungen und der Ideenauslese von größter Wichtigkeit, sondern zugleich auch für die Selbstbehauptung großer Gemeinschaften der Politik, der Wissenschaften und der Kultur gegen den Ansturm einer strukturlosen Flut rationalistischer Entartungen."

Heute erscheint uns die Unbefangenheit beneidenswert, mit der hier von Kunst, Ideenauslese, Selbstbehauptung von großen Gemeinschaften und Kultur geschrieben wird.

Wir sehen Markentechnik unter den methodischen Aspekten des wissenschaftlich fundierten Marketings. Wir haben Kenntnisse und Erfahrungen, die uns daran zweifeln lassen, daß Markentechnik sich als „Handhabung und Schaffung von massenpsychologischen Hilfsmitteln" ausreichend beschreiben läßt. Und vor allem: Wir haben eine Reaktion gegen das Prinzip bei Verbrauchergruppen, die allgemein unter dem Stichwort „Konsumerismus" beschrieben wird.

Es geht nach wie vor um die Gewinnung des öffentlichen Vertrauens, heute allerdings in zweifacher Hinsicht: einerseits um die Marke als Konzept für den wirtschaftschaftlichen Erfolg im Wettbewerb mit anderen Marken; andererseits um die Gewinnung des Vertrauens in ein wirtschaftliches und gesellschaftliches System, das über einen zweifellos hohen Lebensstandard hinaus einige Werte für das menschliche Dasein sicherstellen soll.

1 Domizlaff, H., Die Gewinnung des öffentlichen Vertrauens, Hamburg 1951.

Die folgenden Ausführungen zum Thema Werbung und Marke befassen sich in erster Linie mit dem klassischen Bereich der Markentechnik aus der Perspektive der Werbung und behandeln anschließend wesentliche Aspekte der Werbung im Gesamtzusammenhang der Wettbewerbsordnung.

I. Markenbildung als Grundprinzip der Marketing-Kommunikation

1. Marken sind Werbung

„Im Aufbau der Welt ist die Werbung dadurch gerechtfertigt, daß es von den Dingen nicht nur einzelne gibt. Je größer die Zahl der aufeinander bezogenen Sachverhalte ist, desto offensichtlicher wird die Werbung. Bei der Vielzahl konkurrierender Wirtschaftsgegenstände ist sie einfach notwendig. Man kann die Werbung für schön oder unschön, nützlich oder bedenklich halten, jedoch ihre Notwendigkeit wird man erst dann bestreiten dürfen, wenn man eine andere als unsere westliche Welt konstruieren möchte"[2].

Den Begriff „Marke", auf die einfachste Formel reduziert, verwenden wir für die Auszeichnung und Bezeichnung von Gütern und Leistungen, die gleichartig in großer Zahl auf einem Markt angeboten und gekauft werden. Die Marke ist also im ursprünglichen Sinne des Wortes Werbung: Sie zeigt etwas vor, macht auf etwas aufmerksam und erreicht damit eine Abhebung vom anonymen Hintergrund oder gegen andere Angebote.

Die Feststellung, daß Werbung ein integraler Bestandteil der Marke ist, gilt im Prinzip auch in der Umkehrung: Jede Form von Werbung für Güter und Leistungen enthält Elemente der Markenbildung. Dieser Zusammenhang ist selbstverständlich auch für Personen, Institutionen und nicht-kommerzielle Angebote zutreffend.

Marke und Werbung haben die Funktion, eine bedeutungsvolle Beziehung zwischen einem Angebot und einem Käufer herzustellen. Damit wird Markenpolitik und Werbung zu einem grundsätzlichen Element von Marketingstrategie.

Für das Verständnis der Zusammenhänge zwischen Marken, Werbung und Marketingstrategie ist ein kurzer Rückblick auf die Entwicklung von Märkten – in erster Linie von Verbrauchsgütermärkten – erforderlich.

Die erste Voraussetzung dafür, daß Marken überhaupt einen wirtschaftlichen Sinn haben, besteht in der wechselseitigen Arbeitsteilung zwischen Herstellern und Abnehmern. Mit dieser Arbeitsteilung entstehen Märkte für den Austausch von Waren oder Leistungen, die Folge einer zunehmend differenzierten Arbeitsteilung zwischen Herstellung und Handel. Die produktive Leistung des Handels besteht darin, Güter von einem Hersteller auf vielen Märkten verfügbar zu machen.

Bis zu dieser Entwicklungsstufe ist Werbung als „personale" Verkaufstechnik noch möglich. Ansätze der Markenbildung sind allerdings schon vorhanden und historisch

2 Benesch, H., Wirtschaftspsychologie, München-Basel 1962, S. 98.

ISBN 978-3-663-12513-6 ISBN 978-3-663-12904-2 (eBook)
DOI 10.1007/978-3-663-12904-2

nachgewiesen: Die Marke identifiziert den Hersteller, seine Produktionstechnik und gibt dem Angebot eine bestimmte Bedeutung, die mit dem modernen Begriff „Qualität“ durchaus angemessen bezeichnet werden kann.

Franz Hermann Wills gibt in seinem Buch „Bildmarken – Wortmarken“[3] einen Überblik der Entstehung von Markenzeichen. Er unterscheidet Besitzzeichen, Merkzeichen und Herkunftszeichen, die sich zu Hausmarken und Firmenzeichen entwickelten. Abgesehen von der möglicherweise interessanten historischen Betrachtung wird damit eine wichtige „werbliche“ Entwicklung deutlich: Die Marke – hier als Markenzeichen – vertritt den Absender und ersetzt gewissermaßen die persönliche Bekanntschaft. Sie erhält damit auch die Bedeutung der Garantie.

Eine weitere Entwicklungsstufe von Märkten ist durch die Fortschritte der Produktionstechnik für große Mengen gleichartiger Güter gekennzeichnet. Sehr vereinfacht gesagt ist dies die erste Stufe der modernen Wettbewerbswirtschaft und die Voraussetzung für „klassische“ Werbung: Die Marke erhält weitere Bedeutung im werblichen Gehalt. Neben der Herkunftsbezeichnung wird sie zusätzlich zur Bezeichnung für das Produkt selbst und seinen Nutzen für die Verbraucher. Das Zeichen auf der Ware und die werbliche Anpreisung durch den Händler auf dem Markt sind keine ausreichende Voraussetzung mehr, um den Verkauf sicherzustellen; die Absatzmärkte müssen geographisch erweitert werden, und Nachrichten über Angebote werden durch Medien vermittelt.

Dieser gröblich vereinfachte Überblick läßt wesentliche Aspekte der Entwicklung des Geldwesens, der Gesellschaft, der Bildung, der Kultur und der Mediengeschichte außer acht in der Absicht, nur die bei modernen Markenartikeln noch eindeutig nachweisbaren Stufen und einige Zusammenhänge mit Kommunikation aufzuzeigen. Die für Werbungtreibende und Werbegestalter wesentliche Teile dieser Entwicklung sind die Erfahrungen, die Abnehmer von Markenartikeln, also Käufer, mehr oder weniger bewußt während dieser Entwicklung gemacht und weitergegeben haben.

2. *Markenwerbung und Marketing*

Philip Kotler definiert Marketing als „Analysieren, Planen und Kontrollieren der kundenwirksamen Einrichtungen, Strategien und Aktivitäten eines Unternehmens im Hinblick auf die gewinnbringende Befriedigung der Motive und Wünsche ausgewählter Kundengruppen“[4].

In dieser Definition wird Marketing als ein Stil der modernen Unternehmensführung bezeichnet, der von den Bedürfnissen der letzten Abnehmer ausgeht. Damit werden zugleich Markenpolitik und zugeordnete Werbestrategien postuliert.

Marken für Verbrauchs- und Gebrauchsgüter sind für den Verbraucher Orientierungshilfen für die Befriedigung von Bedürfnissen. Werbung in ihren verschiedenen Erscheinungsformen stellt für den Verbraucher Markttransparenz her. Die Marke ersetzt

3 Wills, F. H., Bildmarken – Wortmarken, Düsseldorf-Wien 1968.
4 Kotler, Ph., Marketing-Management, Analysis, Planning and Control, Englewood Cliffs, N.J. 1967.

einerseits in einem sehr faktischen Sinn Erfahrungen und Kenntnisse des Verbrauchers; sie befriedigt Bedürfnisse allerdings nur, wenn sie in die Erfahrungen des Verbrauchers paßt. Z. B. ersetzt eine Automobilmarke mit ihren Absenderqualitäten und faktischen Garantien die Kenntnisse im Automobilbau, die zur Herstellung des Fahrzeugs unerläßlich sind. Die Marke gibt gleichzeitig eine Zuordnung zum Status des Besitzers oder zu den vorstellbaren Betriebskosten. Die Erfahrung des Verbrauchers besteht darin, daß seine Vorstellungen weitgehend durch die von ihm beobachtete Wirklichkeit subjektiv bestätigt werden. Diese Vorstellungen entstehen durch Kommunikation im weitesten Sinne – unter anderem durch Werbung. Sie haben ihre Voraussetzungen sowohl in der persönlichen Biographie des Verbrauchers als auch in der Markengeschichte bzw. dem, was über die Marke mitgeteilt wird.

Alle Begriffsbestimmungen für Marketing – wie auch die von Kotler – gehen davon aus, daß das Marketingkonzept in der modernen Wettbewerbswirtschaft sinnvoll ist. Eine Voraussetzung dafür ist allerdings, daß der Markt generell unter einem Angebotsdruck steht und nicht die Nachfrage im Durchschnitt die Angebotsmöglichkeiten übersteigt.

Damit ist gleichzeitig gesagt, daß nicht alle Verbraucher das gleiche Produkt kaufen und zur Bedarfsbefriedigung Alternativen angeboten werden. Das Marketingkonzept setzt also segmentierbare Märkte voraus. Aus der Herstellersicht ist Markenpolitik und Werbestrategie eine Möglichkeit, Segmente zu besetzen. Aus der Sicht des Verbrauchers sind Marken konkrete Angebote für seine speziellen Bedürfnisse, unter denen er wählen kann.

Werbung schafft im Marketing-Mix die Voraussetzung dafür, daß eine Marke in einem Nachfragesegment positioniert werden kann, d. h. die Verbraucher findet, die diese Marke für ihre Bedürfnisbefriedigung akzeptieren.

Ebenso, wie Markenpolitik oder – um mit Domizlaff zu sprechen – Markentechnik die wichtigste Strategie auch im modernen Marketing ist, ist sie ein fundamentaler Bestandteil des Wettbewerbs. Veränderungen von Marktpositionen hängen – nicht nur im Bereich von Verbrauchs- und Gebrauchsgütern – von Innovationen ab. Die Entwicklung eines neuen Marktes oder eines Teilmarktes setzt voraus, daß „share of mind" geschaffen wird, um „share of market" zu erreichen. Das bedeutet Wettbewerb um besetzte Marktpositionen bzw. um die Nachfrage von Verbrauchern.

Man kann selbstverständlich hier einwenden, daß zumindest die Entwicklung von Teilmärkten auch über Veränderungen von Distributions- und Preisstrategien erreicht werden kann, die ebenfalls hoch wettbewerbsaktiv sind. Die Grenzen dieser Strategien sind jedoch in entwickelten Märkten schnell erkennbar.

Der Zusammenhang zwischen Marke und Werbung wird bei neuen Produkten unter dem Aspekt der „Investition in die Nachfrage" besonders deutlich. Eine Neueinführung bedeutet den Versuch von Veränderungen des Verbraucherverhaltens über Veränderung von Einstellungen. Anders ausgedrückt: Der Verbraucher braucht Information, um zu verstehen, daß das Angebot für ihn bestimmt ist. Das ist möglich, wenn man seine Bewertungen im vorhandenen Verbraucherverhalten mehr oder weniger verändert und Identifikation schafft.

3. „Klassischer" Markenartikel und „klassische" Werbung

Im Sprachgebrauch von Marketing- und Werbefachleuten wird unter den Begriffen „klassische Werbung" und „klassischer Markenartikel" – etwas summarisch – eingeordnet, was sich folgendermaßen beschreiben läßt:

- Ein klassischer Markenartikel besteht in der Einheit von Produkt, Verpackung oder Ausstattung und werblicher Positionierung mit dem vom Käufer erlebten Nutzen des Produktes.
- Klassische Werbung ist die Verbraucherwerbung für einen Markenartikel über gedruckte oder elektronische Werbeträger.

Beide Aussagen stehen nicht nur wegen des Beiwortes „klassisch" im Zusammenhang. Zunächt entspricht es der Erfahrung, daß Markenartikel in ihrem Erfolg von einer breiten Distribution und ausreichender Werbung in klassischen Medien abhängig sind. Die Funktion der Werbung ist es, durch Nachrichten über Produkt und Marke bei einer Zielgruppe, also den Verbrauchern, die von der Werbung erreicht werden sollen, eine Markenpräferenz zu schaffen. Damit sichert der Hersteller unabhängig vom physischen Vertriebsweg der Ware durch die Handelsstufen seine Absatzposition.

Am Ort des Verkaufs – in der Regel also im Einzelhandel – steht die Marke im direkten Wettbewerb mit vergleichbaren Produkten und Marken. Darüber hinaus hat der Einzelhändler eine eigene Strategie im Wettbewerb mit seinen Konkurrenten der letzten Vertriebsstufe. Sofern der Markenartikel bei Konsumenten eine starke Bevorzugung findet, ist der Einzelhändler daran interessiert, ihn seinen Käufern anzubieten und den Umsatz „zu machen". Er kann allerdings seine Leistung für seine Kunden auch beweisen, indem er z. B. Markenartikel besonders preisgünstig anbietet und seinen Konkurrenten damit veranlaßt, auf das Geschäft mit diesem Artikel zu verzichten oder ihn zu unterbieten. Das Risiko für den Hersteller dieses Markenartikels, dadurch Marktanteil über Distributionsverlust und/oder Ertrag zu verlieren, hängt von der Stärke seiner Position beim Konsumenten ab.

Werbung im gesamten Marketingmix erhält dadurch zusätzliche Bedeutung: Klassische Werbung kann zwar nur im Ausnahmefall Distribution aufbauen, aber durch Sicherung kontinuierlicher Nachfrage die vorhandene Position beim Handel sichern oder eine Strategie der Distributionserweiterung stützen.

4. Sind Dienstleistungen Markenartikel?

Die wesentlichen Merkmale der klassischen Marke sind bei sogenannten Markenartikeln im „Package-good"-Angebot am deutlichsten ausgeprägt. Das gilt insbesondere auch unter dem Aspekt der Werbung. Ein wesentlicher Werbeträger bei solchen verpackten Gütern ist die Packung in ihrem Design und ihrer Oberflächengestaltung, also die Marke selbst. Ähnlich eindeutig sind die meisten Gebrauchsgüter als Markenartikel zu sehen.

Markenpolitik ist als Prinzip auch direkt anwendbar auf Dienstleistungen im weitesten Sinne von Banken bis Beatles. Charakteristisch für „Marken" in diesen Bereichen ist, daß die Grundvoraussetzungen für die „Marke" noch eindeutiger als Kommunikationskonzept bestimmt werden, als das bei verpackten Konsumgütern und Gebrauchsgütern der Fall ist. Markenzeichen, erkennbare Segmentierungsstrategien und Werbung sind typische Merkmale einer Markenpolitik der Anbieter. Auf der Verbraucherseite sind ebenfalls typische Merkmale der Marke in der Ausbildung von Images und der selektiven Nachfrage erkennbar.

II. Planung der Markenwerbung

1. Das Planungsproblem

„Der Planungsprozeß umfaßt das Setzen von Zielen und die vorausschauende Festlegung von Maßnahmen zur Erreichung dieser Ziele"[5].

Das Wort „Planung" hat im Sprachgebrauch von Technikern und Managern die Bedeutung von rationeller, systematischer Vorgehensweise. Wenn man plant, schaltet man sozusagen bewußt irrationale oder emotionale Elemente aus.

Die Frage ist zu stellen, inwieweit Werbung speziell für Marken planbar ist, wenn wir feststellen müssen, daß Bedürfnisbefriedigung der Verbraucher subjektiv, vom Ziel gesehen eher emotional und allenfalls von der Methode her rational ist.

Es wurde bereits gesagt, daß Marke und Werbung eine bedeutungsvolle Beziehung zwischen einem Produkt, einer Leistung und einem Verbraucher herstellen. Es muß hinzugefügt werden: . . . um eine Kaufentscheidung zugunsten der beworbenen Marke herbeizuführen.

Formal gesehen läßt sich das Planungsproblem an Abbildung 1 erläutern.

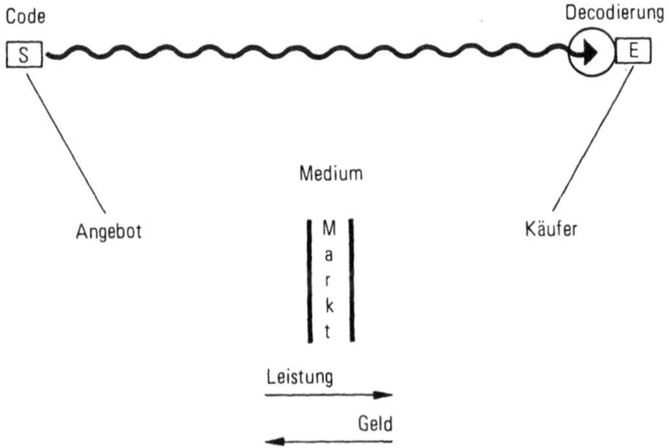

Abb. 1: Kommunikationsschema

5 Gutsch/Herzog, Probleme und Techniken der Planung, Management, Stuttgart 1972.

Was bei Werbung vorgeht, bleibt unverständlich, wenn man nicht konsequent davon ausgeht, daß die eigentliche Leistung im Kommunikationsprozeß vom Empfänger einer Nachricht ausgeht. Im Kommunikationsschema kann man dies für werbliche Probleme vereinfacht darstellen: S, der Sender einer Nachricht, ist gleichzeitig Anbieter am Markt. E, der Empfänger, tritt gelegentlich oder häufig als Käufer im Markt auf. E nimmt Werbung als Konsument von Nachrichten durch ein Medium auf. Diese Nachrichten werden für den Konsumenten E entsprechend dem Medium aufbereitet, d. h. verschlüsselt oder codiert. Die Frage, ob Werbung wahrgenommen und verstanden wird, hängt davon ab, ob und wie sie von dem Empfänger „decodiert" wird.

Damit wird deutlich, daß im Sinne rationaler Planung die Entscheidungen für den Empfänger einer Botschaft, also die Zielgruppe, und den Informationsweg, also die Medien, eindeutig sein können. Die Beantwortung der Frage nach Inhalt und Gestaltung der Mitteilung hängt von der Zielsetzung ab, die für den Aufbau einer sogenannten „Markenpersönlichkeit" nur teilweise planbar ist. Diese Zielsetzung entsteht eher durch systematische Planung.

2. *Kreativität und Planung*

In der Entwicklung der Marketingpraxis hat bisher eine Verwissenschaftlichung der Managementtechniken nicht nur Aufklärung über das Funktionieren der Märkte gebracht, sondern auch beträchtlich zu besseren Erfolgen beigetragen. Hierbei ist eine unmittelbare praktische Auswirkung modellhafter oder theoretischer Ansätze im Marketing eingetreten: Was sich als „Gesetzmäßigkeit" im Markt ohnedies ereignet, kann man auch aktiv als Strategie betreiben. Beispiele:

- Marktsegmentierung: Nicht allle Leute reagieren gleichartig auf ein Angebot; bestimmte Marken werden nur von bestimmten Leuten gekauft. Diese analytische Feststellung führt dazu, daß man Produkte und Marken für bestimmte Segmente entwickelt.
- Lebenszyklus von Marken: Eine Marke hat ein bestimmtes „Leben" im Markt. Sie kann alt werden und sterben; das scheint ein unabänderliches Schicksal zu sein. Daraus kann man die Marketingstrategie mit geplantem Lebenszyklus ableiten. Durch eigene Neueinführungen oder Wiedereinführungen mit innovativen Eigenschaften kann sich der marketingorientierte Unternehmer seine Position unabhängig vom Lebenszyklus einer Marke sichern.
- Verbraucher-Trends: Man kann Veränderungen der Nachfragestruktur planen.

Diese Strategien sind geplant. Sie sind jedoch gleichzeitig kreativ oder setzen zumindest Kreativität voraus; sie schaffen nämlich neue Marktrealitäten. Eine Äußerung eines sogenannten Praktikers wie „Ich verlasse mich auf Fakten und meine Erfahrung; Kreativität ist Humbug" ist weder planerisch noch kreativ im Sinne von Marketing vertretbar. Auf der anderen Seite ist Planung eindeutig besser organisierbar als Kreativität.

Man muß hier noch eine deutliche Unterscheidung einführen: Die Ansicht, daß Analyse und Planung zu Entscheidungen führen, ist unzutreffend. Eine Entscheidung im strengen Sinne ist erst dann zu treffen, wenn man nicht mehr aus Daten ableiten kann, was man tun soll. Deduktion von richtigem Verhalten aus Analysen von Daten führt zu höherer Leistung, aber nicht zur Veränderung von Strukturen oder zu Innovation. Alle organisatorischen Maßnahmen können im gleichen Sinne zur Verbesserung der Leistung beitragen, aber nicht zu wirklich *neuen* Markterfolgen.

Die zunehmende Systematisierung der Planung für Marken und Werbung hat – ohne Kreativität – notwendigerweise ein „Strategien-Patt" zur Folge. Die Strategien der Hersteller werden immer ähnlicher – nicht zuletzt deswegen, weil die Planungsinstrumente von der Datenverarbeitung bis zu Techniken der Entscheidungsfindung weitgehend identisch sind.

3. Marketingplanung und Werbeplanung

Es bedarf keiner besonderen Begründung, daß für die Planung von Werbung und die Gestaltung von Werbemitteln ein Marketingplan grundsätzliche Voraussetzung ist. Es ist ebenso selbstverständlich, daß der „Macher" der Werbung einen solchen Plan verstanden haben muß, bevor er Werbung planen und gestalten kann.

Die Arbeitsteilung zwischen Marketingplanern und Werbefachleuten ist jedoch aus einem anderen Grund sinnvoll: Die Arbeit der Werbeagentur z. B. besteht darin, das Kommunikationsziel erreichbar zu machen, während der Hersteller eines Markenartikels im weitesten Sinne dafür sorgt, daß der Konsument seinen Markenartikel gebrauchen und kaufen kann.

Dieser Unterschied in der Aufgabe ist formal durch den Vertriebsweg der Ware einerseits und den Vertriebsweg der Nachricht über die Ware andererseits deutlich zumachen. Inhaltlich sind Kauf oder Verbrauch des Produkts und Konsum von Medien noch klarer unterschieden. Das heißt, Planung und Gestaltung von Werbung können nur dann einen sinnvollen Auftrag im Marketing für eine Marke erfüllen, wenn sie von den Bedingungen ausgehen, die durch Kommunikation mit dem Verbraucher gegeben sind.

4. Planung und Forschung

Marktforschung und Werbeforschung bestimmen weitgehend das Feld für Planung und Gestaltung von Markenwerbung. Ihre wesentlichen Beiträge sind die umfassende Bestimmung und Beschreibung von Zielgruppen. Das schließt die Beschreibung des „Repertoires" von Vorstellungen über Marken – auch Images genannt – ein und geht bis zur Vorhersage von Wahrscheinlichkeiten für Einstellungsänderungen bzw. Markenwechsel.

Für die Agentur, d. h. für die Planung und Gestaltung von Werbung, liegt der Wert von Forschung im Beitrag für die bessere oder richtigere Werbung. Auch Kontrolluntersuchungen zur Frage, ob die gestalteten Werbemittel die gesetzten Ziele erreichen, können hierfür dienlich sein. Ein Konflikt zwischen kreativen Gestaltern und Planern oder Werbeforschung ist von der Sache her immer möglich, aber vermeidbar.

Insbesondere für die Gestaltung von Werbemitteln ist von entscheidender Bedeutung, daß Marktforschung und Werbeforschung nicht als Abbild des Universums aller Möglichkeiten weitergegeben werden.

Jede Untersuchungsmethode und jede Fragestellung enthält Hypothesen über den Zusammenhang zwischen Meinungen, Einstellungen, Verhaltensweisen oder Motivationen und dem, was einzelne Personen kaufen und verbrauchen.

Marketing-Kommunikation als Mittel der Absatzpolitik lohnt sich im wirtschaftlichen Sinne nur für Produkte und Leistungen des Anbieters, die in großer Menge an eine große Zahl von Abnehmern vermarktet werden können. Das führt häufig zu einer falschen Orientierung für werbliche Strategien: Wir sprechen von Massenproduktion, Massenmärkten, Massenmedien, Massenkonsum und vergessen darüber häufig, daß

- Images in den Köpfen einzelner Personen sind und nicht im oder am Produkt,
- Verbrauch eine intime und sehr persönliche Sache ist,
- Werbung als „Konsum von Nachrichten über Konsumierbares" zwischen einem Individuum und einem Medium stattfindet und nur im Ausnahmefalle tatsächlich „Massenwerbung" genannt werden darf.

Die gleiche Betrachtungsweise ist von Bedeutung, wenn Markt- und Werbeforschung gleichartige Verhaltensweisen von vielen Verbrauchern als Zielgruppen für Werbung beschreiben. Der vielgebrauchte Ausdruck „Markenpersönlichkeit" oder „brand personality" ist insofern nützlich für die Auswertung von Forschungsergebnissen, als diese, abhängig von Methode und Fragestellung, jeweils nur Teilaspekte der Persönlichkeit der Marke und des Verbrauchers betreffen.

Das Verständnis für die „Persönlichkeit" der Marke als kommunikative Ganzheit ist die Voraussetzung dafür, daß Werbung für eine Marke beim Verbraucher „funktioniert". Das gilt auch dann, wenn mit einer „unique selling proposition" dem Verbraucher ein Markenartikel von der Werbung über einen mit einem wichtigen Produktmerkmal verbundenen Nutzen nahegebracht wird.

Diese Feststellungen sprechen eher für einen problembezogenen Ansatz von Markt- und Werbeforschung als gegen Research überhaupt. Sie bedeuten aber auch, daß diese Forschung keine Maßstäbe für Kreativität liefert. Sie kann bei gegebener Zielsetzung feststellen, ob ein Werbemittel seine Ziele erreicht und welche Möglichkeiten für die Positionierung einer Marke gegeben sind.

III. Zur Praxis der Markenwerbung

1. Marketingziele bestimmen Werbeziele[6]

Bei aller Systematik und Methodik ist es sicher zweckmäßig, die Entwicklung von Marketing- oder Werbestrategien eher den Künsten zuzuordnen als der Wissenschaft.

6 In der Literatur und in der Praxis fallen unter den Begriff „Marketing-Kommunikation" Werbung, Verkaufsförderung und Öffentlichkeitsarbeit. Die systematische Unterscheidung nach Tätigkeitsbereich und Organisation ist nicht Gegenstand dieser Ausführung, die speziell die Werbung behandelt. Es muß jedoch darauf hingewiesen werden, daß die Ausrichtung aller Einzelelemente der Kommunikation auf ein gemeinsames Ziel ein konzeptionelles und organisatorisches Problem eigener Art darstellt.

Möglicherweise hat Domizlaff aus diesem Grunde auch das Wort Markentechnik benutzt und Technik im Ursinne des Wortes – Kunst oder Handfertigkeit – gemeint. Andererseits würde man Markenwerbung mißverstehen, sähe man sie als künstlerisches Problem. Markenwerbung ist ein komplexes Managementproblem, das nicht erst heutzutage auch den Dienstleistungsapparat Werbeagentur unentbehrlich macht.

Selbstverständlich ist Werbung eine Teilstrategie im Marketing-Mix und fällt damit als Teilplanung in einen übergeordneten Zusammenhang von Marketingplanung. Die Bedeutung des Faktors Kommunikation im Marketing-Mix ergibt sich, wie bereits ausgeführt, vor allem aus dem Wegfall der personalen Kommunikation zwischen Hersteller und Verbraucher. Dazu kommt in modernen Märkten, daß der Handel, vor allem der Einzelhandel, seine Beratungs- und Informationsfunktion mit zunehmender Selbstbedienung weitgehend abgegeben hat. Andererseits wäre diese Entwicklung ohne den beworbenen Markenartikel kaum möglich gewesen.

Für die richtige Planung und Durchführung von Markenwerbung ist wesentlich, daß alle Erscheinungen und Stretegien im Markt als Kommunikation angesehen werden. Das gilt einschließlich des Austauschs von Ware und Leistungen gegen Geld in der letzten Handelsstufe. Denn Kommunikation ist „die andere Seite" der physischen Distribution von Waren und Leistungen vom Hersteller bis zum letzten Abnehmer. Konsequent ausgedrückt: Werbung ist die Herstellung und Distribution von Nachrichten über Produkte und Leistungen mit dem Ziel, dem Käufer oder Verbraucher zu zeigen, wie diese Güter seine Bedürfnisse befriedigen können.

Phase	Maßnahmen
Marketing-forschung	Bereitstellung problemrelevanter Entscheidungsgrundlagen für die Entwicklung der Marketingkonzeption.
Marketing-konzeption	Planung der Marketingziele und Marketingstrategien.
Marketing-planung	Planung der konkreten Marketingmaßnahmen zur Realisierung der Marketingziele.
Werbe-konzeption	Festsetzung der werblichen Zielsetzungen und Zielrichtungen auf der Grundlage der Marketingkonzeption und -planung. Fixierung von Sollvorgaben für die Werbung.
Werbe-planung	Planung von Werbemaßnahmen zur Realisierung der werblichen Sollvorgaben.
Werbe-gestaltung	Visualisierung und Verbalisierung der Werbebotschaften auf der Basis von Werbekonzeption und Werbeplanung.
Werbe-durchführung	Herstellung der Werbemittel, Auftragserteilung und Werbemittelversand an die Werbeträger, Kontrolle der Werbemittelstreuung,
Werbe-erfolgskontrolle	Festellung der Istwerte, die sich durch die Werbemaßnahmen ergeben haben, zwecks Ausregulierung von Abweichungen zwischen den Istwerten und den Sollvorgaben.

Abb. 2: Globale Darstellung der Abläufe marketing-integrierter Werbemaßnahmen

Damit kann der Rahmen für werbliche Maßnahmen im Marketingkonzept für eine Marke abgesteckt werden. Dohmen[7] gibt hierzu die in Abbildung 2 gezeigte Darstelllung.

Demnach enthält der Marketingplan bzw. das Marketingziel die Sollvorgaben für die Werbung und bestimmt, welches Ziel dem Faktor Werbung im Gesamtplan zugeordnet wird.

Dohmen weist nun mit Recht darauf hin, daß im Marketingkonzept einzelne Maßnahmen nicht isoliert gesehen werden können, sondern integrale Bestandteile der Marketingkonzeption sind. Dem kann hinzugefügt werden, daß ein sinnvolles Marketingkonzept für eine Marke nicht entstehen kann, wenn Marke nicht als kommunikative Einheit begriffen wird. Es ist nicht nur vostellbar sondern bereits Praxis, daß neue Marken oder innovative Wiedereinführungen etablierter Marken mit neuem Konzept von vornherein mit neuen Elementen ausgestattet werden, die eine erfolgreiche Kommunikationsstrategie erlauben.

2. *Markenwerbung – ein Optimierungsproblem*

Wie jede Managementaufgabe erfolgt die Planung und Durchführung von werblichen Maßnahmen für eine Marke in grundsätzlichen Ablaufstufen:

a) analysieren,
b) Ziele definieren,
c) Strategien entwickeln,
d) entscheiden,
e) durchführen,
f) kontrollieren.

Zu a)

Die Analyse einer Marktsituation zur Entwicklung (oder zur Kontrolle) werblicher Strategien sollte konsequenterweise zunächst aufklären, welche Beziehungen zwischen Produkten bzw. Marken einerseits und Gruppen von Verbrauchern andererseits bestehen.

Der klasssiche Ansatz vieler Marketing-Checklists oder vieler Agenturbriefings und Präsentationsschriften folgt der Gliederung

- Anbieter (Angebote),
- Mitbewerber (Konkurrenz),
- Markt (Umfang, Struktur),
- Verbraucher (quantitative und qualitative Beschreibung),
- Werbung (Analyse werblicher Maßnahmen und Erreichbarkeit von Zielgruppen),
- Vertrieb (Organisation, Handelsstruktur usw.).

Gegen diesen Analyseablauf ist im Prinzip nichts einzuwenden, sofern die Beziehungen von Verbrauchern zu Produkten die Hauptsache bleibt. Das heißt z. B., daß zu

7 Dohmen, J., Planung von Werbemaßnahmen, in: Praktisches Lehrbuch der Werbung, München 1975, S. 121 ff.

einer technischen Beschreibung eines Angebotes die Beurteilung der Angebotsmerkmale des Produktes durch den Verbraucher ebenso gehört wie die Antwort auf die Frage: Wie ordnet der Verbraucher ein Produkt in sein Leben ein?

Dieses Kriterium „Was ist für den letzten Abnehmer bei der Auswahl von Produkten und Marken von Bedeutung?" ist im Grunde schließlich auch das Prüfkriterium für den Wert von Einzelinformationen im Rahmen einer Marktanalyse zur Bestimmung von Werbezielen.

Es ist leicht einsehbar, daß eine marketing-orientierte Analyse neben einer möglichst ausführlichen Beschreibung einer gegebenen Situation auch den Versuch machen muß, diese Situation als Resultat vorausgegangener Marketingstrategien zu interpretieren, also Marktgeschichte und Markengeschichte aufzuklären. Damit werden allerdings auch die Grenzen von „Kunst und Wissenschaft" schnell erreicht.

Der Grund für dieses Dilemma ist meistens, daß es für das gleiche Phänomen mehrere Erklärungsmöglichkeiten gibt. Zum Beispiel kann der Rückgang eines Marktanteils einer Marke gleichzeitig und zutreffend beschrieben werden

- als Auslaufphase im natürlichen Lebenszyklus einer Marke,
- als Resultat einer Änderung der Verbrauchereinstellung,
- als Resultat einer Konkurrenzeinführung.

Der geschickte Einsatz von modernen statistischen Methoden in Verbindung mit Datenverarbeitung kann hier Erfahrung und Urteilskraft erheblich stärken, aber kaum ersetzen. Welche Erklärung richtig ist, hängt davon ab, welches Erklärungsmodell, welche Theorie am vollständigsten die beobachteten Fakten im Zusammenhang aufhellen kann. Das gilt insbesondere für die Analyse der Einstellungen und Verhaltensweisen von Verbrauchern gegenüber Marken, die miteinander um die gleiche Verbrauchsgelegenheit konkurrieren.

Zu b)

Die Definition von Werbezielen auf der Basis einer voraufgegangenen Marktanalyse und eines vorliegenden Marketingkonzepts geht von folgenden Voraussetzungen aus:

- Werbung ist in der Lage, durch Information im weitesten Sinne das im Marketing-Mix zugeordnete Teilziel zu erreichen.
- Es gibt Medien, die diese Information an die richtigen Leute bringen.
- Die eingesetzten finanziellen Mittel sind zur Zielverwirklichung ausreichend.

Die Bestimmung des Werbeziels schließt also ein, daß eine Zielgruppe ausgemacht werden kann, die mit einer entsprechenden Wahrscheinlichkeit sich in der angestrebten Weise verhält, daß diese Zielgruppe in mehr oder weniger eindeutiger Weise durch verfügbare Medien erreichbar ist und daß sie in genügender Zahl und genügend oft angesprochen werden kann, um den gewünschten Effekt zu erzielen.

Daraus ergibt sich, daß die beiden Grundvoraussetzungen für die Bestimmung von Werbezielen zunächst die Definition der Zielgruppe und die Festlegung der bei dieser Zielgruppe erwünschten Reaktion auf Werbung sind.

Die Möglichkeit, dieses Ziel in Strategie umzusetzen, ist dann gegeben, wenn angemessene finanzielle Mittel und entsprechende Nachrichtenwege, d. h. Medien, zur Verfügung stehen.

Spätestens an dieser Stelle erweist es sich als nötig, zu prüfen, ob ein Werbeziel überhaupt realisierbar ist. Es ist darüber nachzudenken, ob der Verbraucher so reagieren wird, wie es das Marketingkonzept vorplant, und wie welche Nachrichten formuliert werden müssen, damit dieses Ziel erreichbar wird.

Wie in jedem Planungs- und Durchführungsprozeß ist die Festlegung von Zielen auch gleichzeitig die Feststellung des Maßstabs für die Erfolgskontrolle. Werbeziele zu formulieren heißt also gleichzeitig, genau zu definieren, was mit den Mitteln der Werbung für eine Marke erreichbar ist.

Üblicherweise wird die Festlegung von Zielgruppen, der erwünschten Verbraucherreaktion zu einer Marke oder einem Produkt und des Stils der Nachrichtenübermittlung (tone of voice) als Werbekonzeption bezeichnet. Es ist strittig, ob die Festlegung des Nachrichtenwegs, also im wesentlichen der Medien, Teil der Werbekonzeption ist oder nicht. Wir ziehen es vor, die Wahl der Medien der Werbestrategie zuzuordnen.

Marketingziele, wie Marktanteilserhöhung, Besetzung eines Nachfragesegments, Ertragsverbesserungen usw., sind grundsätzlich durch Werbung allein nicht zu realisieren. Solche Marketingziele können aber zur Bestimmung von Werbezielen führen, z. B.:

- Bekanntheitsgrad erhöhen,
- spezielle Merkmale des Produkts bekanntmachen,
- Einstellungen verändern, in deren Folge Verhaltensänderungen eintreten.

Zu c)

Die Entwicklung von Werbe- oder Kommunikationsstrategien auf ein richtig bestimmtes Werbeziel hin wird häufig etwas einseitig unter dem Gesichtspunkt der Gestaltung von Werbung – der Kreativität also – gesehen.

Werbestrategien sind jedoch nur dann erfolgreich im Sinne ihrer Zielsetzungen, wenn sie unter Berücksichtigung der Erreichbarkeit der Zielgruppe konzipiert werden, und zwar unter folgenden Fragestellungen:

- Wie, d. h. durch welche Medien, ist die Zielgruppe ökonomisch erreichbar, und welche Konsequenz hat das Medium für die Formulierung der Nachricht?
- Welche Informationen und Argumente sind geeignet, die erwünschte Zielgruppenreaktion hervorzurufen, und wie müssen diese Argumente in Bilder und Orte umgesetzt werden, damit sie richtig verstanden werden?
- Welches Medium ist am besten geeignet, um das Gestaltungskonzept für die Zielgruppe umzusetzen?

Werbestrategien sind Festlegungen von Wegen und Mitteln, mit denen Werbeziele erreicht werden sollen, sind damit ein Versuch, Inhalt, Form und Weg der Kommunikation zu optimieren[8].

Der Begriff „Optimierung“ gilt für Werbestrategien auch in folgendem Sinne: Werbemittel optimieren die Marketingstrategie des Herstellers mit der „Strategie der Bedürfnisbefriedigung“ des Verbrauchers über ein Produkt bzw. über die Marke.

8 Der Einfachheit halber seien Budget bzw. finanzieller Aufwand in diesem Zusammenhang dem Kommunikationsweg zugeordnet.

Zu d)
Entscheidungen über Werbestrategien sind im Grunde nur und erst dann möglich, wenn Werbeziele im Rahmen der Marketingplanung bereits festgelegt sind und so – wie weiter oben beschrieben – als Entscheidungskriterien dienen können. Mit anderen Worten: Einer Strategieentscheidung hat stets die Entscheidung über Werbeziele vorauszugehen. Die Strategieentscheidung betrifft demnach

– die Auswahl der Werbemittel, etwa Anzeigen, Plakate, Fernsehfilme,
– die Gestaltung der Werbemittel im Hinblick auf Inhalt und Form,
– den Einsatz der Medien im Hinblick auf Wirtschaftlichkeit und Übereinstimmung mit dem Gestaltungskonzept,
– die Kalkulation der finanziellen Mittel, die nötig sind, um das Ziel zu erreichen.

Offensichtlich besteht zwischen diesen Entscheidungsgegenständen ein innerer Zusammenhang: Der Distributionsweg für die Gestaltung ist mit dem Werbemittel bestimmt. Die Media-Ökonomie ist eine Budgetfrage und eine Zielgruppenfrage zugleich. Inhalt und Form der Werbemittel ergeben sich im Hinblick auf das Angebot für die Zielgruppe usw.

Das Entscheidungsproblem besteht darin, daß Entscheidungshilfen im allgemeinen nur für *ein* Feld zur Verfügung stehen, nicht aber kombiniert. Beispielsweise kann man Werbemittel im Pretest daraufhin überprüfen, ob sie die erwünschte Verbraucherreaktion produzieren. Bisher ist es jedoch nicht möglich, gleichzeitig im voraus zu überprüfen, wie sich eine Mediastrategie und der finanzielle Einsatz auswirken.

Ein Mediabudget kann mit dem Datenmaterial der Mediaanalysen nach Reichweite und Frequenz der werblichen Anstöße unter Berücksichtigung der Zielgruppe optimiert werden. Ob ein Gestaltungskonzept die Media-Ökonomie verändern kann, bleibt mangels sicherer empirischer Grundlage Ermessensfrage. Darüber hinaus ist die damit zusammenhängende Problematik des Intermediavergleichs empirisch nicht gelöst oder sogar nicht lösbar: Wieviele Sekunden Rundfunkwerbung entsprechen in der Wirkung einer ganzseitigen Vierfarbenanzeige?

Man kann aus dieser Fragestellung mit vollem Recht die Forderung nach Weiterentwicklung von Methoden stellen, die das Problem der Strategieentscheidungen besser bewältigen helfen. Pragmatisch gesehen ist es erforderlich, die empirisch gesicherten Entscheidungshilfen nach ihrem Leistungsvermögen heranzuziehen, also von einem Pretest oder von einer Mediaoptimierung nicht mehr zu verlangen, als sie der Sache nach bringen können.

Darüber hinaus muß langfristig in Betracht gezogen werden, daß die Bedingungen für Marketingstrategien sich ändern, und zwar durch Außenfaktoren, wie Veränderungen der Lebensbedingungen der Verbraucher, ebenso wie durch interne Faktoren, wie etwa die Umwandlung und Fortentwicklung des Marketinginstrumentariums und der dem Marketing zugeordneten Kommunikationsstrategien. Unsere empirischen Entscheidungsgrundlagen sind weitgehend eine Fortschreibung von Erfolgsrezepten und als solche unentbehrlich. Strategieentscheidungen sind jedoch meistens Entscheidungen für eine Veränderung des Status quo und insofern – auf der Basis gesicherter Erkenntnisse – auch innovativ. Sie stellen zumindest die Frage, ob vorhandene Entscheidungsmodelle Probleme lösen können oder nicht.

Zu e)
Die Durchführung von Werbung für Markenartikel verlangt organisatorische Voraussetzungen sowie Leistungen kreativer und technischer Art, wie sie von „Full-Service-Agenturen" erbracht werden.

Tätigkeitsbeschreibungen von Agenturen und die meisten Lehrbücher über Werbung befassen sich überwiegend mit den Grundfragen der Werbeziele und der Werbestrategien sowie mit Problemen der Mediaplanung. Das Know-how und die Leistungen bei der Durchführung von Werbung kommen meist zu kurz.

Voraussetzung für die Durchführung von Werbung sind – beispielhaft aufgeführt – die Arbeitsschritte, die zu einer verabschiedeten Werbestrategie führen:
- das Briefing, das die zur Bestimmung der Werbeziele maßgeblichen Ergebnisse und Daten der Analyse enthält, die Werbeziele und damit gleichzeitig Zielgruppen festlegt sowie den Zusammenhang im Marketingplan herstellt;
- die Werbekonzeption, die die Grundlagen der Werbestrategie inhaltlich und der Form nach festlegt;
- das Gestaltungskonzept und die Mediastrategie; die Werbemittel sind entsprechend der Werbekonzeption und den Werbeträgern zu bestimmen;
- die Festlegung eines Budgets;
- ein Rahmenplan für die Durchführung der geplanten Werbung nach zeitlichem Ablauf.

Die wesentlichen Abschnitte nach Verabschiedung der Strategie werden durch die Termine, die Dispositionen und die detaillierten Mediapläne für die Produktion von Werbemitteln festgelegt:
- Erstellung von verbindlich verabschiedeten Vorlagen für Werbemittel,
- Media-Durchführungsplan,
- Mediadisposition (Einkauf),
- Überwachung der Ausführung,
- Durchführung (Schaltung).

Parallel dazu erfolgen Kostenplanung, Genehmigung und Abrechnung bzw. Kontrolle.

Das logistische Problem der Werbedurchführung wird deutlich, wenn man in Betracht zieht, daß für einen Markenartikel mit einem mittleren Budget bis zu dreihundert einzelne Werbemittel gestaltet und geschaltet werden.

Eine professionell richtige und mit anderen Strategien im Marketing-Mix synchronisierte Durchführung von Werbung ist nicht nur wegen der an sich selbstverständlichen Einhaltung verabschiedeter Pläne wichtig. Der Aufbau und die Erhaltung von Markenpositionen bei nachfragenden Verbrauchern ist vor allem langfristig von kontinuierlicher Werbung abhängig.

Zu f)
Zur Kontrolle des werblichen Erfolges bzw. der Werbewirkung wurde bereits ausgeführt, daß ihr Maßstab durch die spezifische Formulierung der Werbeziele gesetzt ist. Die Fragestellung läßt sich wie folgt formulieren: Ist die Werbung mit ihren gestalteten Werbemitteln in der Lage, die gewünschte Verbraucherreaktion auszulösen? Oder, etwas genauer: Erfüllt die Werbung ihre Informationsaufgaben? Löst sie Motivation aus, und schafft sie eine Kauf- oder Wiederkaufneigung?

Werbeerfolgskontrolle sollte festzustellen suchen, welche Beiträge Werbung leisten kann, um ein bestimmtes Marketingziel zu erreichen. Deshalb kann Werbeerfolgskontrolle keine Fragen beantworten, die nur indirekt oder überhaupt nicht mit der Wirkung von Werbung im Zusammenhang stehen.

Die direkte Messung des Werbeerfolges ohne Berücksichtigung des Absatzerfolges scheitert in der Regel daran, daß die methodischen Voraussetzungen im Markt nicht gegeben sind. Erforderlich wären z. B. die Abgrenzung von Erhebungsperioden und Werbezeiträumen. Ferner müßte gewährleistet sein, daß das Angebot sich im Zeitpunkt der Werbemaßnahmen verändert hat, etwa in Hinsicht auf das beworbene Produkt selbst, seine Distribution, seinen Preis, seine Präsentation im Regal. Das gilt auch für das Angebot der Wettbewerber.

Diese Bedingungen treffen nur in Ausnahmefällen zu, z. B.:

– Sonderangebote des Einzelhandels mit zeitlich begrenzter Dauer, die nur über Werbung bekanntgemacht werden. (Offen bleibt, ob man überhaupt mehr verkauft, denn Sonderangebote können den Umsatz mit normalen Angeboten einschränken.)
– Tarifaktionen der Bundesbahn, z. B. ,,Rosa Zeiten". Hier sind Aufwand und Ertrag kontrollierbar. Die Vorjahresperiode ist vergleichbar. Die Bahn ist Monopolist auf der Schiene.

Werbung ist nur *ein* Faktor im Marketing-Mix. Man kann untersuchen, welchen Kommunikationserfolg Werbung hat, aber nur in Grenzfällen feststellen, welchen direkten Beitrag Werbung zum Umsatz leistet.

Erfolg messen heißt Veränderungen messen. Welche Veränderungen kann man messen und der Werbung zuordnen, z. B. „Bekanntheit" oder „Image"? In beiden Fällen kann auch, sogar in erster Linie, Werbeerfolg gemessen werden, jedoch werden auch andere Faktoren des Marketings wirksam.

Solche Erhebungen erfordern im allgemeinen große Stichproben, d. h., sie müssen repräsentativ für die Gesamtbevölkerung oder wenigstens für die Zielgruppe sein.

Diese Art von Werbeerfolgskontrolle wird ohne Vorlage von Werbemitteln durchgeführt und ist besonders dann wichtig für Marketingentscheidungen, wenn man das eigene Angebot mit dem des Wettbewerbers vergleichen will, um zu erfahren, wie werbliche Aussagen im Gesamtmarkt einer Produktgruppe Verbrauchermeinungen verändern.

Bei Untersuchungen über Werbemittel geht es in der Regel darum, zu überprüfen, ob eine Werbebotschaft von einer Zielgruppe so verstanden wird, wie der Absender der Botschaft sie gemeint hat. Deshalb sind solche Untersuchungen mit kleineren Stichproben durchführbar, weil es um die Reaktion vorher bestimmter Zielgruppen geht. Man unterscheidet hier zwischen Pretest und Posttest.

Pretests dienen dazu, zwischen Alternativen für eine Werbebotschaft die richtige auszuwählen. Sie können durchgeführt werden als Konzepttests für verbal formulierte Werbebotschaften und als Anzeigentests für fertig gestaltete Werbung. Entsprechendes gilt für Werbefunk und Werbefernsehen.

Posttests dienen der Kontrolle des Werbeerfolgs nach Erscheinen von Werbemitteln in Werbeträgern. Sie können mit ähnlichen Methoden durchgeführt werden wie Pretests und dienen dazu, festzustellen, wie eine Werbebotschaft registriert worden ist und was eine bestimmte Zielgruppe mit dieser Botschaft angefangen hat.

IV. Dienstleistung Werbeagentur

Es ist vorab festgestellt worden, daß Marketing ein komplexes Managementproblem darstellt, das den Dienstleistungsapparat Werbeagentur unentbehrlich macht. Über eine Entwicklung von etwa 100 Jahren hat sich, entstanden in der Regel aus dem Werbemittlungsgeschäft, dem Gestaltungsbereich oder der Marktforschung, eine Organisationsform entwickelt, die organisatorisch unter einem Dach alle kommunikationswirtschaftlichen Dienstleistungen anbietet, die der Markt braucht und wie sie vorstehend beschrieben wurden. Marketing und Forschung, Kontakt und Beratung, Gestaltung, Produktion und Streuung sind die zentralen Arbeitsbereiche einer Werbeagentur, die Menschen unterschiedlichster beruflicher Ausbildung, Herkunft und Veranlagung zur Lösung kommunikativer Aufgaben zusammenfaßt. Immer mehr werden diesen sogenannten klassischen Aufgabengebieten entsprechend den sich erweiternden Bedürfnissen des Marktes Funktionen angegliedert, wie Public Relations und Öffentlichkeitsarbeit, Verkaufsförderungseinrichtungen und Marktforschungsinstrumentarien. Denn es hat sich bestätigt, daß eine solche Zusammenfassung von Leistungen ein qualitativ optimales Ergebnis bringt. In der Werbeagentur „sind nahezu alle Funktionen der Werbung und damit alle Tätigkeiten und die dazugehörigen Berufe vertreten. Die zentralen Aufgaben der Werbeagentur sind:
- das Erkennen der Marktprobleme des Kunden,
- das Bewußtmachen dieser Probleme,
- das Anbieten von Lösungsmöglichkeiten,
- das Finden von Konzeptionen für Marktstrategien,
- das kreative Umsetzen einer Marktstrategie,
- die Planung von Media-Strategien“,

und man muß hinzufügen[9]: die technische und organisatorische Realisierung der Marktstrategie bzw. der kreativen Konzeption.

Der Erfolg von Werbeagenturen und insbesondere solcher Unternehmen, die alle werblichen Leistungen unter einem Dach anbieten – sogenannte Full-Service-Agenturen – beruht sowohl auf ökonomischen als auch vor allem auf unternehmerischen Prinzipien. Eingearbeitete Teams sind Kernzelle der jeweiligen Aufgabenbetreuung, gegebenenfalls ergänzt um Fachleute, die von außen herangezogen werden. Es spräche im Prinzip nichts dagegen, daß insbesondere große werbungtreibende Unternehmen eigene Werbeabteilungen unterhalten, die dem Charakter von Werbeagenturen entsprechen. Daß dies in der Praxis nur in Ausnahmen realisiert wird, hängt mit der notwendigen unternehmerischen Flexibilität zusammen. Eine Gruppe von Fachleuten unterschiedlichster Richtungen für unterschiedliche und relativ häufig wechselnde Aufgaben zusammenzubringen und zusammenzuhalten, um konzentriert für jeweils geschlossene Aufgabengebiete – d. h. das Aufgabenpaket einer Marketingstrategie – zu arbeiten, setzt eine unternehmerische Konstruktion voraus, die in der Regel von auf andere Ziele fixierten Wirtschaftsunternehmen nur schwer realisierbar ist. Die Gefahr eines „Verkrustens“ bzw. einer gewissen Unflexiblität hat sich immer wieder als wichtiger Grund bestätigt, um diesen Weg (selbst wenn er in Einzelfällen ökonomisch sinnvoll erscheinen sollte) nicht zu beschreiten.

9 Kröter, H., Berufe in der Werbung, Düsseldorf-Wien 1977.

Wie hoch die Flexibilität von Leuten sein muß, die Markenkonzeptionen in Kommunikationsstrategien übersetzen sollen, hängt nicht nur vom jeweiligen Wettbewerbsgrad in den betreffenden Branchen ab, sondern ist – was sich gerade in dieser Zeit bestätigt – weitgehend geprägt durch eine „öffentliche Meinung“ gegenüber wirtschaftlichen Funktionen und Marketingstrategien. Die Tatsache, daß sich die Werbewirtschaft sehr flexibel einem Verbraucherverhalten, das sich innerhalb weniger Jahre stark gewandelt hat, anpaßt, ja es von sich aus positiv beeinflussen konnte, geht einmal auf diese flexible Unternehmensstruktur zurück. Zum anderen wird bestätigt, daß Werbeunternehmen mit einer großen Erfahrungsbreite auf verschiedensten Märkten ein „Ohr am Verbraucher“ haben und damit aktuelle Entwicklungen mit in die konzeptionellen Überlegungen einbeziehen können. Die Institution Werbeagentur läßt sich daher sehr vereinfacht als eine geglückte Symbiose zwischen organisatorischen Voraussetzungen und persönlichen individuellen Fähigkeiten bezeichnen, die in sich eine flexible Kombinationsmöglichkeit erhalten muß.

V. Regelmechanismen

In einer hochentwickelten und feingegliederten Wirtschaft sind Produktdifferenzierungen durch Marketingkonzeptionen – das berühmte Finden der Marktnische – vielfach die wichtigsten, in manchen Produktbereichen nahezu die einzigen Kriterien der Angebotsdifferenzierung (wenn man die Preisdifferenzierung mit als einen Bereich des Marketings betrachtet). Daraus leiten sich eine Reihe von Regelmechanismen ab, die heute dem Marketing und speziell der Werbung volkswirtschaftspolitische Steuerungsfunktionen übertragen, die – relativ jung – noch in einem weiteren Entwicklungsprozeß begriffen sind. Die Tatsache, daß Kritiker des marktwirtschaftlichen Wettbewerbssystems Marketing und Werbung als eine ihrer bevorzugten Angriffspunkte betrachten, ist also durchaus auf die richtige Erkenntnis zurückzuführen, daß damit eine Kernzelle des aktuellen wirtschaftspolitischen Instrumentariums getroffen werden könnte.

1. Markenpolitik als volkswirtschaftliche Steuerungspolitik

Die Überschrift mag etwas weit hergeholt klingen und bedarf daher einer näheren Begründung: Je höher und arbeitsteiliger eine Volkswirtschaft entwickelt ist, desto feingliedriger werden auch die Differenzierungsmerkmale der angebotenen Produkte. Gerade in einer so differenzierten Volkswirtschaft mit breitgefächerter Unternehmens- und Angebotsstruktur wird man eine relative Abnahme des Einflusses des einzelnen Unternehmens auf die Marktstruktur feststellen müssen. Der Einfluß beschränkt sich vielfach auf das Marketinginstrumentarium, wobei preispolitische Überlegungen oftmals bereits ausgeklammert werden müssen. Denn *kalkulatorische Aspekte* werden immer weniger durch Faktoren der Materialbeschaffenheit und Produktionsmethodik und immer mehr durch den Faktor Lohnkosten beeinflußt, die ihrerseits – siehe Aktivitäten der Tarifpartner, sozialpolitische Anforderungen des Staates u. ä. – vom einzelnen Unternehmen kaum beeinflußbar sind.

Ein erheblicher Teil des Marktes ist im wesentlichen nur durch das Marketinginstrumentarium zu beeinflussen, z. T. in Übereinstimmung mit einer psychologischen Erwartungshaltung, die mit dem Angebot in Verbindung gebracht wird.

2. *Distributive Faktoren*

Die im Verhältnis zum Hersteller sich weitgehend eigenständig entwickelnde Strukturveränderung im Handel erschwert, ja verhindert teilweise eine konkrete distributionspolitische Einflußnahme seitens des Herstellers in zunehmendem Maße. Der Wegfall der Preisbindung der zweiten Hand sowie die vom Hersteller völlig losgelösten eigengesetzlichen Notwendigkeiten des Handels – gerade im derzeitigen Strukturwandel – bergen die Gefahr in sich, daß kalkulatorische und distributive, aber auch Marketingmaßnahmen des Herstellers durch entgegenlaufende Entwicklungen im Distributionssektor paralysiert werden bzw. ihnen gar entgegengesteuert wird.

3. *Marktstrukturprobleme*

Viele Industrien und deren Erzeugnisse sind heute – z. B. schon allein produktionsbedingt – wirtschaftlich nur noch in einer oligopolistischen Struktur denkbar, wenn sie wirtschaftlich vertretbar sein sollen. Damit ist gemeint, daß eine Vielzahl von am Markt angebotenen und vom Verbraucher gewünschten Produkten nur im Verbund mit der Produktion anderer Erzeugnisse für völlig andere Abnehmergruppen, für völlig unterschiedliche Wirtschaftsstrukturen hergestellt werden können. Als typische Beispiele können hier die chemische Industrie, Mineralölindustrie u. ä. herangezogen werden. Veränderungen im Produktions- oder Absatzbereich eines Produktionssektors können gravierende Veränderungen im Angebot eines anderen Produktionssektors bewirken. Wettbewerbspolitische Aspekte, die in der historischen Betrachtung weitgehend auf die unmittelbare oder höchstens substitutive Konkurrenz abgestellt waren, erhielten dadurch neue Dimensionen. Hochentwickelte Produktionstechniken binden überdies die Flexibilität im Angebot der einzelnen Produktbereiche. Das Marketinginstrumentarium, Steuerung von Angebot und Nachfrage, insbesondere durch werbliche Aktivitäten, erhält somit eine überdurchschnittlich hohe volkswirtschaftliche Dimension.

Der oligopolistische Aspekt ist jedoch auch noch von einer anderen Seite zu beleuchten. In oligopolistischen Märkten hat in der Regel – und diese Feststellung ist völlig unabhängig von eventuellen hohen Einstiegskosten in einen Wirtschaftszweig zu werten – ein Marktnewcomer eine geringe Chance. Vielfach ist die einzige Markteinstiegs- oder Marktanteilsveränderungschance in einer geschickten Nutzung des Marketinginstrumentariums und insbesondere der Werbung zu sehen. Diese Feststellung wird auch durch die Tatsache unterstrichen, daß viele Märkte, die werbereglementierende Entscheidungen erwarten, durch kurz vorher noch drastisch durchgeführte Werbe- und Marketingaktionen Marktanteile zu sichern versuchen, die nach einer Beschränkung als mehr oder weniger unveränderbar betrachtet werden müssen. Konsumeristen und Wettbewerbsbeschränkern auf den verschiedensten Sektoren sei diese Feststellung mit besonderem Nachdruck vorgetragen, zumal dann, wenn Beschränkungsmaßnahmen als im Einklang mit dem Wettbewerbsprinzip stehend bezeichnet werden.

4. *Wirtschaftsfaktor „Kommunikation"*

Wirtschaftsentwicklung bedeutet heute, auch betriebswirtschaftlich gesehen, in hohem Maße Entwicklung der Kommunikation. Die Einführung der Datenverarbeitung, die technologische Verbindung der EDV-Technik im vertikalen Zusammenspiel der Wirtschaft hat zu einer in ihren Folgen heute noch nicht absehbaren Rationalisierung und Produktivitätssteigerung geführt. Alle diese Entwicklungen lassen sich unter dem Aspekt „Verbesserung der Kommunikationstechnik" zusammenfassen. Selbst wenn man bedenkt, daß in dieser erweiterten Definition nicht unbedingt die spezifischen Marketing- und Kommunikationstechniken zur Debatte stehen, so darf doch nicht ausgeklammert werden, daß die Kommunikationswirtschaft in weit überdurchschnittlichem Maße zur Entwicklung dieses heute wirtschaftlich so bedeutenden Bereichs beigetragen hat. Es fängt damit an, daß die Einführung der Farbe in Illustrierten durch die Forderungen der Werbewirtschaft überhaupt erst und zu einer so frühen Zeit möglich wurde, daß die Massenproduktion elektronischer Technik ohne das Engagement der Werbewirtschaft nicht und vor allem nicht in der hochentwickelten Form, wie sie heute besteht, denkbar wäre. Daß damit verbundene technologische Entwicklungen auch Konsequenzen für andere Produktionszweige hatten, sei hier nur am Rande erwähnt.

VI. Staatliche Kommunikationsfaktoren

Schlagworte wie „informierte Gesellschaft" oder „Zeitalter der Kommunikation" sind zwar schreckliche Vereinfachungen, sind aber auch als logische Konsequenz dieser überdurchschnittlichen Entwicklung solcher kommunikationswirtschaftlichen Faktoren zu sehen. Sie geben zudem Tendenzen wieder, die volkswirtschaftlich und gesellschaftspolitisch eine immer wichtigere Rolle spielen. Es steht außer Zweifel, daß die Gesellschaft in den hochentwickelten Industrienationen ein überdurchschnittliches Informationsbedürfnis gerade auch über staatliche Entscheidungen entwickelt hat, denen vielfach in der Praxis nicht viel Rechnung getragen wird. Die Informationspolitik des Staates ist unterentwickelt. Dabei werden nicht nur die heute zur Verfügung stehenden Kommunikationstechniken – wie sie z. B. im wirtschaftlichen Bereich der Marketingkommunikation verwendet werden – weitgehend vernachlässigt. Nicht berücksichtigt wird auch die Feststellung, daß Entscheidungen des Staates informationspolitisch die damit zusammenhängenden Interdependenzen weitgehend außer acht lassen. Jedem ist zwar geläufig, daß staatliche Aufgaben nur bei entsprechendem Steuervolumen realisiert werden können. Hier ist die Kommunikation über Interdependenzen noch in Ordnung. Wer aber macht der Bevölkerung klar, daß eine weitere Entwicklung unserer Energiepolitik auch exportpolitisch von wirtschaftlich und damit gesellschaftspolitisch eminent wichtiger Bedeutung ist? Wer verdeutlicht, daß eine Steigerung des Exports ohne vernünftige Entwicklungshilfe hochentwickelte Wirtschaften in eine Einbahnstraße führt? Die Beispiele ließen sich beliebig vermehren. Es ist aber hier nicht die Stelle, sie im einzelnen aufzuführen, sondern es soll nur gesagt werden, daß der Staat sich aufgerufen fühlen sollte, im Marketingbereich der Wirtschaft Unterricht zu nehmen. Marketingkommunikation für öffentliche Funktionen unterscheidet sich von der Aufgabenstellung und Zielsetzung her grundsätzlich nicht von den Methoden, wie sie heute in der Wirtschaft mit außerordentlich großem Erfolg praktiziert werden. Was liegt also näher, als diesem positiven Beispiel zu folgen!

Hochentwickelte Volkswirtschaften sind in der Regel exportorientierte Wirtschaftssysteme. Das gilt insbesondere für die in der EG zusammengefaßten westeuropäischen Länder. Dem Aspekt einer international geltenden Wettbewerbsneutralität ist damit eine besondere Bedeutung beizumessen. In dem vorhergehenden Abschnitt wurde bereits darauf hingewiesen, welche technisch-innovativen, aber auch markt- und rationalisierungspolitisch wichtigen Aufgaben aus der Tätigkeit der Werbung resultieren. Markenpolitik und damit Absatz- und Werbestrategie ohne die Nutzungsmöglichkeit eines hochentwickelten Kommunikationssystems, unter Einschluß aller zur Verfügung stehenden Medien, bedeutet im internationalen Wettbewerb eine Benachteiligung. Beschränkung des Marketing-Mix ist gleichbedeutend mit Wettbewerbsbeschränkung. Erst wenn man sich bewußt macht, daß wettbewerbspolitische Freiheit für die Entwicklung einer Volkswirtschaft von weit wichtigerer Bedeutung sein kann als Produktionsfreiheit – sowohl technisch als auch tatsächlich gemeint –, ist diese Feststellung in ihrer Dimension richtig zu bewerten. Eine Volkswirtschaft, die nicht in der Lage ist, sich eines Kommunikationsinstruments in voller Breite zu bedienen, wird in ihrer technologischen, aber auch wirtschaftspolitischen Entwicklung gegenüber Konkurrenten, denen diese Instrumente zur Verfügung stehen, sei es innerhalb oder außerhalb der Grenzen, benachteiligt sein.

Es sollte aufgezeigt werden, daß Marke und Werbung im Prinzip funktionieren, wie sie bereits von Domizlaff beschrieben worden sind. Es galt aber auch zu verdeutlichen, welche Interdependenzen im gesamten wirtschafts- und gesellschaftspolitischen Bereich heute bestehen und welche erweiterten Aufgaben daraus für das „Markendenken“ und das hierfür zur Verfügung stehende Instrumentarium erwachsen. Kein Unternehmen kann in einer wettbewerblich orientierten Wirtschaft langfristig existieren, ohne das Instrument der Marketingkommunikation zu benutzen. Dasselbe gilt gerade auch in der ideologischen Auseinandersetzung für den Staat und seine Organisationen, die dieses freiheitliche Wettbewerbssystem tragen.

GPSR Compliance
The European Union's (EU) General Product Safety Regulation (GPSR) is a set of rules that requires consumer products to be safe and our obligations to ensure this.

If you have any concerns about our products, you can contact us on

ProductSafety@springernature.com

In case Publisher is established outside the EU, the EU authorized representative is:

Springer Nature Customer Service Center GmbH
Europaplatz 3
69115 Heidelberg, Germany

www.ingramcontent.com/pod-product-compliance
Ingram Content Group UK Ltd.
Pitfield, Milton Keynes, MK11 3LW, UK
UKHW021927190726
13853UKWH00002B/899

* 9 7 8 3 6 6 3 1 2 5 1 3 6 *